1日 12級の ふくしゅう テスト (1)

月　日

JN058276

1 たし算を しましょう。(1つ 4点)

① 2+7　　　　② 3+3

③ 4+4　　　　④ 8+2

⑤ 0+0　　　　⑥ 8+0

⑦ 10+5　　　　⑧ 4+12

⑨ 15+1　　　　⑩ 16+3

2 ひき算を しましょう。(1つ 4点)

① 5−1　　　　② 8−5

③ 9−4　　　　④ 10−3

⑤ 3−3　　　　⑥ 0−0

⑦ 17−7　　　　⑧ 19−6

⑨ 15−4　　　　⑩ 18−5

3 計算を しましょう。(1つ 5点)

① 8+4+4　　　　② 18−6−2

③ 17−5+7　　　　④ 6+12−8

1

1 たし算を しましょう。(1つ 4点)

① $8+4$ ② $8+9$

③ $4+9$ ④ $7+6$

⑤ $50+7$ ⑥ $9+90$

⑦ $42+7$ ⑧ $81+8$

⑨ $50+30$ ⑩ $36+3$

⑪ $40+50$ ⑫ $80+10$

2 ひき算を しましょう。(1つ 4点)

① $18-9$ ② $13-8$

③ $15-6$ ④ $17-8$

⑤ $48-8$ ⑥ $85-5$

⑦ $39-2$ ⑧ $77-3$

⑨ $65-2$ ⑩ $98-8$

⑪ $50-30$ ⑫ $90-20$

⑬ $80-60$

1 たし算を しましょう。(1つ 4点)

① 1+6　　② 5+3

③ 2+2　　④ 9+1

⑤ 7+0　　⑥ 0+4

⑦ 8+10　　⑧ 12+5

⑨ 4+13　　⑩ 17+2

2 ひき算を しましょう。(1つ 4点)

① 3−2　　② 9−6

③ 10−6　　④ 5−0

⑤ 8−8　　⑥ 10−0

⑦ 15−1　　⑧ 19−9

⑨ 14−3　　⑩ 17−5

3 計算を しましょう。(1つ 5点)

① 4+1+5　　② 10−3−7

③ 15−9+3　　④ 5+6−8

1 たし算を しましょう。(1つ 4点)

① $9+2$ ② $6+6$

③ $8+7$ ④ $4+8$

⑤ $5+40$ ⑥ $70+3$

⑦ $83+6$ ⑧ $4+91$

⑨ $71+7$ ⑩ $20+30$

⑪ $50+10$ ⑫ $30+60$

2 ひき算を しましょう。(1つ 4点)

① $16-8$ ② $12-5$

③ $11-7$ ④ $14-9$

⑤ $25-2$ ⑥ $57-6$

⑦ $84-4$ ⑧ $69-3$

⑨ $96-1$ ⑩ $45-5$

⑪ $70-40$ ⑫ $40-20$

⑬ $60-50$

3日 何十を たす たし算 (1)

24＋30, 32＋40 の 計算

計算の しかた

❶ 24＋30 → 10 が 2＋3＝5
　　　　　 → 50＋4
　　　　　 　└─0を つける
　　　　　 → 54

❷ 32＋40 → 10 が 3＋4＝7
　　　　　 → 70＋2
　　　　　 　└─0を つける
　　　　　 → 72

[　]を うめて, 計算の しかたを おぼえましょう。

❶ まず, 十のくらいの 2＋3＝[①　　　] の 計算を して,

つぎに, [②　　　]＋4＝[③　　　] の 計算を します。

答えは, 24＋30＝[③　　　] に なります。

❷ まず, 十のくらいの 3＋4＝[④　　　] の 計算を して,

つぎに, [⑤　　　]＋2＝[⑥　　　] の 計算を します。

答えは, 32＋40＝[⑥　　　] に なります。

おぼえよう 何十を たす 計算は, まず 十のくらいの 数の たし算を します。

1 たし算を しましょう。

① 16＋50

② 39＋50

③ 35＋20

④ 43＋50

⑤ 13＋40

⑥ 29＋40

⑦ 77＋10

⑧ 22＋50

⑨ 25＋20

⑩ 14＋80

⑪ 47＋40

⑫ 69＋20

⑬ 18＋20

⑭ 56＋10

⑮ 41＋20

⑯ 28＋70

⑰ 12＋30

⑱ 34＋40

⑲ 21＋50

⑳ 38＋60

4日 何十を ひく ひき算 (1)

57−30, 64−60の 計算

計算の しかた

❶ 57−30 → 10 が 5−3=2
　　　　 → 20+7
　　　　　　 └─0を つける
　　　　 → 27

❷ 64−60 → 10 が 6−6=0
　　　　 → 4

☐を うめて, 計算の しかたを おぼえましょう。

❶ まず, 十のくらいの 5−3=①☐ の 計算を して,

つぎに, ②☐+7=③☐ の 計算を します。

答えは, 57−30=③☐ に なります。

❷ まず, 十のくらいの 計算は 6−6=④☐ と なるの

で, 答えは, 一のくらいの ⑤☐ に なります。

答えは, 64−60=⑤☐ に なります。

おぼえよう | 何十を ひく 計算は, まず 十のくらいの 数の ひき算を します。

7

1 ひき算を しましょう。

① 24−10

② 82−80

③ 52−20

④ 96−40

⑤ 78−10

⑥ 17−10

⑦ 77−70

⑧ 63−30

⑨ 93−10

⑩ 41−40

⑪ 39−20

⑫ 88−20

⑬ 91−70

⑭ 95−90

⑮ 84−60

⑯ 75−40

⑰ 66−60

⑱ 47−10

⑲ 29−20

⑳ 62−50

5日 ふくしゅうテスト (1)

時間 15分 【はやい10分・おそい20分】
得点
合格 80点 点
シール

月 日

1 たし算を しましょう。(1つ 5点)

① 64＋10　　② 58＋40

③ 33＋20　　④ 23＋60

⑤ 37＋40　　⑥ 26＋50

⑦ 55＋30　　⑧ 44＋40

⑨ 76＋20　　⑩ 15＋30

2 ひき算を しましょう。(1つ 5点)

① 43－30　　② 85－80

③ 67－10　　④ 44－40

⑤ 32－30　　⑥ 98－60

⑦ 76－20　　⑧ 55－50

⑨ 59－40　　⑩ 81－30

1 たし算を しましょう。(1つ 5点)

① 54+20   ② 31+30

③ 17+60   ④ 28+30

⑤ 46+30   ⑥ 37+50

⑦ 22+20   ⑧ 63+20

★⑨ 40+19   ★⑩ 30+65

2 ひき算を しましょう。(1つ 5点)

① 26−20   ② 75−60

③ 89−40   ④ 58−10

⑤ 63−40   ⑥ 74−70

⑦ 37−10   ⑧ 93−50

⑨ 99−90   ⑩ 77−30

6日 2けたの 数の たし算の ひっ算 (1)

24+32の ひっ算

計算の しかた

① くらいを そ
ろえて 書く

② 一のくらいの
計算を する

③ 十のくらいの
計算を する

```
  2 4         2 4         2 4
+ 3 2   →   + 3 2   →   + 3 2
              6           5 6
```

□を うめて, 計算の しかたを おぼえましょう。

❶ くらいを そろえて 書きます。

❷ ①[   ] のくらいの 計算を します。

4+2=②[   ] に なるので, ②[   ] を
答えの 一のくらいに 書きます。

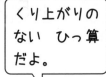

くり上がりの
ない ひっ算
だよ。

❸ ③[   ] のくらいの 計算を します。

2+3=④[   ] に なるので, ④[   ] を 答えの 十のく

らいに 書きます。

答えは, 24+32=⑤[   ] に なります。

おぼえよう たし算の ひっ算は, くらいを そろえて 書き, 一のくらい
から じゅんに 計算して いきます。

計算してみよう

時間 15分	正答	
【はやい10分・おそい20分】	/20個	シール
合格 16個		

1 たし算を しましょう。

①
```
  67
+ 30
```

②
```
  40
+ 58
```

③
```
  20
+ 60
```

④
```
  13
+ 86
```

⑤
```
  22
+ 43
```

⑥
```
  51
+ 27
```

⑦
```
  24
+ 52
```

⑧
```
  35
+ 34
```

⑨
```
  46
+ 31
```

⑩
```
  25
+ 13
```

⑪
```
  53
+ 22
```

⑫
```
  62
+ 24
```

⑬
```
  24
+ 24
```

⑭
```
  32
+ 57
```

⑮
```
  64
+ 15
```

⑯
```
  24
+  2
```

⑰
```
  63
+  4
```

⑱
```
  81
+  3
```

★
⑲
```
   7
+ 42
```

★
⑳
```
   5
+ 33
```

12

7日 2けたの 数の たし算の ひっ算 (2)

38+47の ひっ算

計算の しかた

❶ くらいを そ　　❷ 一のくらいの　　❸ 十のくらいの
　ろえて 書く　　　　計算を する　　　　計算を する

```
  38          38          38
+ 47    →   + 47    →   + 47
              5          85
```

□を うめて, 計算の しかたを おぼえましょう。

❶ くらいを そろえて 書きます。

❷ ①□ のくらいの 計算を します。

8+7=②□ に なるので, 5を 答えの

一のくらいに 書いて, ③□ を 十のくら

いに くり上げます。

くり上がりの ある ひっ算 だよ。

❸ ④□ のくらいの 計算を します。

くり上げた ③□ に 3と 4を たすと, ⑤□ に

なるので, ⑤□ を 答えの 十のくらいに 書きます。

答えは, 38+47=⑥□ に なります。

おぼえよう 　十のくらいに くり上がるとき, 十のくらいの 計算では, くり上げた 1を たすのを わすれないように します。

計算してみよう

時間 15分	正答
【はやい10分・おそい20分】	
合格 16個	/20個

シール

1 たし算を しましょう。

①
```
  26
+ 28
```

②
```
  29
+ 54
```

③
```
  64
+ 17
```

④
```
  47
+ 29
```

⑤
```
  56
+ 19
```

⑥
```
  78
+ 18
```

⑦
```
  63
+ 29
```

⑧
```
  37
+ 37
```

⑨
```
  29
+ 57
```

⑩
```
  46
+ 47
```

⑪
```
  45
+ 19
```

⑫
```
  27
+ 36
```

⑬
```
  36
+  5
```

⑭
```
  28
+  7
```

⑮
```
  29
+  8
```

⑯
```
  16
+  4
```

★⑰
```
   7
+ 25
```

★⑱
```
   9
+ 32
```

★⑲
```
   8
+ 43
```

★⑳
```
   1
+ 29
```

14

8日 ふくしゅう テスト (3)

1 たし算を しましょう。(1つ 5点)

① 32
+16

② 34
+33

③ 23
+56

④ 21
+22

⑤ 57
+41

⑥ 13
+54

⑦ 52
+ 7

⑧ 43
+ 2

⑨ 96
+ 3

⑩ 71
+ 4

⑪ 3
+65

⑫ 4
+94

⑬ 47
+18

⑭ 33
+58

⑮ 12
+59

⑯ 29
+69

⑰ 15
+77

⑱ 57
+24

⑲ 29
+ 6

⑳ 8
+36

15

ふくしゅう テスト (4)

時間 15分【はやい10分・おそい20分】 得点 合格 80点 点

 シール

1 たし算を しましょう。(1つ 5点)

①
```
  30
+  5
```

②
```
  14
+49
```

③ ★
```
   4
+34
```

④ ★
```
   8
+81
```

⑤
```
  50
+27
```

⑥
```
  65
+28
```

⑦
```
  28
+56
```

⑧
```
  82
+  8
```

⑨
```
  64
+21
```

⑩
```
  50
+32
```

⑪
```
  46
+46
```

⑫
```
  20
+36
```

⑬
```
  57
+12
```

⑭
```
  46
+37
```

⑮
```
  22
+38
```

⑯
```
  18
+36
```

⑰
```
  57
+35
```

⑱ ★
```
   9
+44
```

⑲
```
  69
+13
```

⑳
```
  24
+  7
```

16

9日 まとめテスト (1)

1 計算を しましょう。(1つ 5点)

① 17＋20　　② 54＋30

③ 28＋40　　④ 70＋15 ★

⑤ 48－20　　⑥ 34－10

⑦ 67－60　　⑧ 51－30

2 たし算を しましょう。(1つ 5点)

① 　21
　 ＋16

② 　35
　 ＋40

③ 　62
　 ＋37

④ 　43
　 ＋　6

⑤ 　97
　 ＋　2

⑥ ★　　5
　 ＋83

⑦ 　57
　 ＋17

⑧ 　16
　 ＋49

⑨ 　72
　 ＋18

⑩ 　38
　 ＋　9

⑪ ★　　5
　 ＋45

⑫ ★　　9
　 ＋67

まとめ テスト (2)

1 計算を しましょう。(1つ 5点)

① 42+10

② 63+20

③ 57+30

★④ 20+79

⑤ 91−30

⑥ 67−40

⑦ 72−20

⑧ 88−80

2 たし算を しましょう。(1つ 5点)

①
```
  38
+ 41
```

②
```
  62
+ 25
```

③
```
  70
+ 10
```

④
```
  54
+  2
```

★⑤
```
   3
+ 74
```

★⑥
```
   8
+ 61
```

⑦
```
  47
+ 26
```

⑧
```
  25
+ 38
```

⑨
```
  63
+ 19
```

⑩
```
  54
+  6
```

⑪
```
  37
+  4
```

★⑫
```
   9
+ 87
```

18

10日 2けたの 数の ひき算の ひっ算 (1)

56-32の ひっ算

計算の しかた

❶ くらいを そ　　❷ 一のくらいの　　❸ 十のくらいの
　ろえて 書く　　　計算を する　　　　計算を する

```
  5 6        5 6          5 6
- 3 2   →  - 3 2    →   - 3 2
              4            2 4
```

◻︎を うめて, 計算の しかたを おぼえましょう。

❶ くらいを そろえて 書きます。

❷ ①◻︎ のくらいの 計算を します。

6-2=②◻︎ に なるので, ②◻︎ を
答えの 一のくらいに 書きます。

❸ ③◻︎ のくらいの 計算を します。

5-3=④◻︎ に なるので, ④◻︎ を 答えの 十のく
らいに 書きます。

答えは, 56-32=⑤◻︎ に なります。

> くり下がりの
> ない ひっ算
> だよ。

おぼえよう　ひき算の ひっ算は, くらいを そろえて 書き, 上の 数か
ら 下の 数を 一のくらいから じゅんに ひいて いきま
す。

計算してみよう

1 ひき算を しましょう。

① 　79
　 −35

② 　58
　 −54

③ 　78
　 −16

④ 　98
　 −27

⑤ 　81
　 −10

⑥ 　96
　 −74

⑦ 　47
　 −15

⑧ 　66
　 −60

⑨ 　95
　 −31

⑩ 　36
　 −25

⑪ 　53
　 −23

⑫ 　92
　 −80

⑬ 　73
　 −21

⑭ 　29
　 −11

⑮ 　44
　 −42

⑯ 　59
　 − 4

⑰ 　77
　 − 7

⑱ 　38
　 − 5

⑲ 　99
　 − 6

⑳ 　87
　 − 6

2けたの 数の ひき算の ひっ算 (2)

71-34の ひっ算

計算の しかた

❶ くらいを そ　　❷ 一のくらいの　　❸ 十のくらいの
ろえて 書く　　　　計算を する　　　　計算を する

```
  71        6            6
           71           71
- 34   →  -34   →     -34
            7           37
```

◻を うめて, 計算の しかたを おぼえましょう。

❶ くらいを そろえて 書きます。

❷ ① ◻ のくらいの 計算を しますが, 1
から 4は ひけないので, 十のくらいから
1 くり下げると, 11-4=② ◻ に な
るので, ② ◻ を 答えの 一のくらいに
書きます。

くり下がりの ある ひっ算 だよ。

❸ ③ ◻ のくらいの 計算を します。
一のくらいへ 1 くり下げたので, ひかれる数の 十のく
らいは 6に なります。6-3=④ ◻ の ④ ◻ を
答えの 十のくらいに 書きます。
答えは, 71-34=⑤ ◻ に なります。

おぼえよう　くり下がるとき, 十のくらいの 計算では, ひかれる数から
くり下げた 1を ひくのを わすれないように します。

21

1 ひき算を しましょう。

① 　24
　－18

② 　51
　－34

③ 　62
　－49

④ 　93
　－46

⑤ 　65
　－17

⑥ 　84
　－79

⑦ 　31
　－18

⑧ 　92
　－34

⑨ 　74
　－　7

⑩ 　53
　－48

⑪ 　32
　－16

⑫ 　91
　－73

⑬ 　67
　－　9

⑭ 　45
　－38

⑮ 　82
　－43

⑯ 　70
　－23

⑰ 　30
　－21

⑱ 　90
　－26

⑲ 　80
　－35

⑳ 　60
　－58

ふくしゅう テスト (5)

1 ひき算を しましょう。(1つ 5点)

① 　55
　 −43

② 　88
　 −45

③ 　82
　 −22

④ 　97
　 −33

⑤ 　61
　 −41

⑥ 　64
　 −13

⑦ 　28
　 − 8

⑧ 　39
　 − 6

2 ひき算を しましょう。(1つ 5点)

① 　54
　 −37

② 　98
　 −69

③ 　93
　 −57

④ 　50
　 −23

⑤ 　76
　 −17

⑥ 　70
　 −49

⑦ 　81
　 −12

⑧ 　86
　 −59

⑨ 　41
　 −34

⑩ 　63
　 − 5

⑪ 　75
　 − 6

⑫ 　21
　 − 8

ふくしゅう テスト (6)

1 ひき算を しましょう。(1つ 5点)

①
```
  83
- 66
```

②
```
  78
-  5
```

③
```
  52
- 15
```

④
```
  30
- 27
```

⑤
```
  45
-  7
```

⑥
```
  51
- 47
```

⑦
```
  97
- 88
```

⑧
```
  94
- 19
```

⑨
```
  74
-  3
```

⑩
```
  91
-  9
```

⑪
```
  62
- 58
```

⑫
```
  90
-  4
```

⑬
```
  60
- 36
```

⑭
```
  76
- 68
```

⑮
```
  31
- 16
```

⑯
```
  43
-  9
```

⑰
```
  92
- 26
```

⑱
```
  64
-  6
```

⑲
```
  85
- 39
```

⑳
```
  40
- 22
```

13日 何十の たし算

50＋70，80＋30の 計算けいさん

計算の しかた

❶ 50＋70 → 10が （5＋7）こ
　　　　　→ 10が 12こ
　　　　　→ 120

❷ 80＋30 → 10が （8＋3）こ
　　　　　→ 10が 11こ
　　　　　→ 110

☐を うめて，計算の しかたを おぼえましょう。

❶ ①☐ の まとまりで 考かんがえると，

5＋7=②☐ に なるので，②☐ の

右に 0を つけ，③☐ に します。

答こたえは，50＋70=③☐ に なります。

十のくらいの 数を 計算するんだよ。

❷ ④☐ の まとまりで 考えると，

8＋3=⑤☐ に なるので，⑤☐ の 右に 0を つ

け，⑥☐ に します。

答えは，80＋30=⑥☐ に なります。

おぼえよう 何十なんの たし算ざんは 10の まとまりが 何なんこ あるかを 考えます。

25

計算してみよう

時間 15分
【はやい10分・おそい20分】

正答

合格 16個

/20個

シール

1 たし算を しましょう。

① $50+90$

② $80+70$

③ $90+40$

④ $60+60$

⑤ $80+60$

⑥ $30+90$

⑦ $90+90$

⑧ $40+80$

⑨ $70+50$

⑩ $70+90$

⑪ $90+80$

⑫ $80+50$

⑬ $20+90$

⑭ $60+70$

⑮ $30+80$

⑯ $80+80$

⑰ $70+40$

⑱ $60+50$

⑲ $90+60$

⑳ $70+70$

14日 何十を たす たし算 (2)

月　　日

42＋80，34＋70の　計算（けいさん）

計算の　しかた

❶ $42+80 \rightarrow 4+8=12$
  └ 十のくらいを　計算する
  $\rightarrow 120+2$
  └ 0を　つける
  $\rightarrow 122$

❷ $34+70 \rightarrow 3+7=10$
  └ 十のくらいを　計算する
  $\rightarrow 100+4$
  └ 0を　つける
  $\rightarrow 104$

▢を　うめて，計算の　しかたを　おぼえましょう。

❶ まず，十のくらいの　$4+8=$ ① ▢ の　計算を　して，つ

ぎに　② ▢ $+2=$ ③ ▢ の　計算を　します。

答え（こた）は，$42+80=$ ③ ▢ に　なります。

❷ まず，十のくらいの　$3+7=$ ④ ▢ の　計算を　して，つ

ぎに　⑤ ▢ $+4=$ ⑥ ▢ の　計算を　します。

答えは，$34+70=$ ⑥ ▢ に　なります。

おぼえよう 何十（なん）を　たす　計算は，まず　十のくらいの　数（かず）の　たし算（ざん）を
します。

27

1 たし算を しましょう。

① 68+60

② 91+50

③ 37+90

④ 75+70

⑤ 95+70

⑥ 19+90

⑦ 89+90

⑧ 52+80

⑨ 84+20

⑩ 67+70

⑪ 54+60

⑫ 63+90

⑬ 72+40

⑭ 88+30

⑮ 86+60

⑯ 93+40

⑰ 59+70

⑱ 98+20

⑲ 73+80

⑳ 96+90

1 たし算を しましょう。(1つ 5点)

① 90+50　　　　② 70+80

③ 50+60　　　　④ 80+90

⑤ 40+70　　　　⑥ 90+20

⑦ 50+80　　　　⑧ 80+40

⑨ 60+90　　　　⑩ 90+70

⑪ 46+90　　　　⑫ 62+80

⑬ 77+60　　　　⑭ 98+30

⑮ 39+80　　　　⑯ 62+60

⑰ 51+70　　　　⑱ 85+80

⑲ 23+80　　　　⑳ 74+30

1 たし算を しましょう。(1つ 5点)

① $47+60$　　　② $80+50$

③ $21+90$　　　④ $70+90$

⑤ $90+40$　　　⑥ $76+40$

⑦ $70+70$　　　⑧ $56+50$

⑨ $58+90$　　　⑩ $82+70$

⑪ $30+90$　　　⑫ $80+60$

⑬ $92+90$　　　⑭ $60+50$

⑮ $94+80$　　　⑯ $45+80$

⑰ $70+50$　　　⑱ $60+73$

⑲ $90+69$　　　⑳ $80+27$

16日 まとめテスト (3)

時間 20分 【はやい15分・おそい25分】
合格 80点
得点
月　日
点
シール

1 ひき算を しましょう。(1つ 5点)

① 　34
　　−21

② 　57
　　−13

③ 　66
　　−25

④ 　67
　　− 5

⑤ 　45
　　− 2

⑥ 　89
　　− 4

⑦ 　71
　　−17

⑧ 　42
　　−26

⑨ 　53
　　−48

⑩ 　23
　　− 9

⑪ 　64
　　− 8

⑫ 　95
　　− 7

2 たし算を しましょう。(1つ 5点)

① 30+80

② 50+70

③ 60+80

④ 90+20

⑤ 78+60

⑥ 85+50

★⑦ 20+98

★⑧ 90+95

1 ひき算を しましょう。(1つ 5点)

① $56 - 13$

② $48 - 40$

③ $75 - 21$

④ $89 - 7$

⑤ $63 - 3$

⑥ $99 - 5$

⑦ $42 - 28$

⑧ $51 - 49$

⑨ $63 - 17$

⑩ $72 - 3$

⑪ $96 - 8$

⑫ $81 - 4$

2 たし算を しましょう。(1つ 5点)

① $60+50$

② $90+30$

③ $70+60$

④ $40+80$

⑤ $49+60$

⑥ $53+70$

★⑦ $30+82$

★⑧ $60+54$

17日 何十の ひき算

130−70, 150−80の 計算

計算の しかた

❶ 130−70 → 10 が （13−7）こ

→ 10 が 6こ

→ 60

❷ 150−80 → 10 が （15−8）こ

→ 10 が 7こ

→ 70

□を うめて, 計算の しかたを おぼえましょう。

❶ ①□ の まとまりで 考えると, 13−7=②□ に

なるので, ②□ の 右に 0を つけ, ③□ に し

ます。

答えは, 130−70=③□ に なります。

❷ ④□ の まとまりで 考えると, 15−8=⑤□ に

なるので, ⑤□ の 右に 0を つけ, ⑥□ に し

ます。

答えは, 150−80=⑥□ に なります。

おぼえよう （百何十）−（何十）の ひき算は 10の まとまりが 何こ
あるかを 考えます。

33

計算してみよう

時間 15分
【はやい10分・おそい20分】
合格 16個

正答

／20個

シール

1 ひき算を しましょう。

① 140−60

② 170−80

③ 130−90

④ 110−70

⑤ 120−30

⑥ 180−90

⑦ 110−60

⑧ 140−70

⑨ 120−90

⑩ 150−70

⑪ 130−50

⑫ 120−40

⑬ 160−90

⑭ 110−40

⑮ 120−80

⑯ 130−80

⑰ 110−20

⑱ 120−50

⑲ 140−80

⑳ 150−90

18日 何十を ひく ひき算 (2)

月　日

126−70, 162−80の 計算

計算の しかた

❶ 126−70 → 10が （12−7）こと， 6
　　　　　 → 10が 5こと， 6
　　　　　 → 50+6=56

❷ 162−80 → 10が （16−8）こと， 2
　　　　　 → 10が 8こと， 2
　　　　　 → 80+2=82

◻を うめて，計算の しかたを おぼえましょう。

❶ ①◻ の まとまりで 考えると， 12−7=②◻ に

なるので， ②◻ の 右に 0を つけ， ③◻ +6

=④◻ の 計算を します。

答えは， 126−70=④◻ に なります。

❷ ⑤◻ の まとまりで 考えると， 16−8=⑥◻ に

なるので， ⑥◻ の 右に 0を つけ， ⑦◻ +2

=⑧◻ の 計算を します。

答えは， 162−80=⑧◻ に なります。

おぼえよう 何十を ひく 計算は， まず 十のくらいの 数の ひき算を します。ひけないときは，百のくらいから 1 くり下げます。

35

1 ひき算を しましょう。

① 143−70

② 176−80

③ 117−30

④ 128−50

⑤ 102−40

⑥ 132−90

⑦ 141−60

⑧ 119−60

⑨ 133−80

⑩ 108−50

⑪ 181−90

⑫ 125−90

⑬ 114−70

⑭ 151−80

⑮ 105−20

⑯ 127−80

⑰ 139−40

⑱ 113−90

⑲ 164−90

⑳ 159−70

1 ひき算を しましょう。(1つ 5点)

① 140−50　　　② 160−80

③ 110−90　　　④ 110−30

⑤ 130−60　　　⑥ 120−70

⑦ 170−90　　　⑧ 150−60

⑨ 130−70　　　⑩ 140−80

2 ひき算を しましょう。(1つ 5点)

① 128−40　　　② 143−50

③ 173−90　　　④ 115−70

⑤ 136−70　　　⑥ 144−80

⑦ 129−60　　　⑧ 106−30

⑨ 161−70　　　⑩ 158−90

1 ひき算を しましょう。(1つ 5点)

① 110－50

② 138－50

③ 175－80

④ 116－40

⑤ 130－40

⑥ 123－80

⑦ 107－90

⑧ 120－40

⑨ 112－80

⑩ 140－90

⑪ 160－90

⑫ 155－70

⑬ 150－80

⑭ 109－70

⑮ 128－30

⑯ 172－80

⑰ 136－40

⑱ 160－80

⑲ 151－60

⑳ 183－90

20日 2けたの 数の たし算の ひっ算 (3)

月　日

63+65の ひっ算

計算の しかた

① くらいを そ
ろえて 書く

```
  63
+ 65
```

→

② 一のくらいの
計算を する

```
  63
+ 65
─────
   8
```

→

③ 十のくらいの
計算を する

```
  63
+ 65
─────
 128
```

▭を うめて, 計算の しかたを おぼえましょう。

❶ くらいを そろえて 書きます。

❷ ①▭ のくらいの 計算を します。

3+5=②▭ に なるので, ②▭ を
答えの 一のくらいに 書きます。

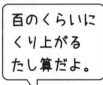

百のくらいに
くり上がる
たし算だよ。

❸ ③▭ のくらいの 計算を します。

6+6=④▭ に なるので, ⑤▭ を 答えの 十のく

らいに, ⑥▭ を 答えの 百のくらいに 書きます。

答えは, 63+65=⑦▭ に なります。

おぼえよう 百のくらいに くり上がる たし算では, くり上がる 1を
書きわすれないように します。

39

1 たし算を しましょう。

① 　60
　+77

② 　42
　+93

③ 　33
　+71

④ 　94
　+64

⑤ 　89
　+80

⑥ 　51
　+78

⑦ 　76
　+42

⑧ 　53
　+53

⑨ 　75
　+90

⑩ 　57
　+92

⑪ 　91
　+82

⑫ 　73
　+74

⑬ 　90
　+23

⑭ 　52
　+62

⑮ 　17
　+91

⑯ 　82
　+60

⑰ 　46
　+83

⑱ 　81
　+35

⑲ 　92
　+35

⑳ 　64
　+41

21日 2けたの 数の たし算の ひっ算 (4)

75+58の ひっ算

計算の しかた

❶ くらいを そ　　**❷** 一のくらいの　　**❸** 十のくらいの
ろえて 書く　　　　計算を する　　　　計算を する

$$\begin{array}{r} 75 \\ +58 \\ \hline \end{array}$$
→
$$\begin{array}{r} {\scriptstyle 1} \\ 75 \\ +58 \\ \hline 3 \end{array}$$
→
$$\begin{array}{r} {\scriptstyle 1} \\ 75 \\ +58 \\ \hline 133 \end{array}$$

◻を うめて, 計算の しかたを おぼえましょう。

❶ くらいを そろえて 書きます。

❷ ① ◻ のくらいの 計算を します。

5+8=② ◻ に なるので, ③ ◻ を
答えの 一のくらいに 書き, ④ ◻ を
十のくらいに くり上げます。

> くり上がりが
> 2回 ある
> たし算だよ。

❸ ⑤ ◻ のくらいの 計算を します。

くり上げた ④ ◻ に 7と 5を たすと ⑥ ◻ に
なるので, ⑦ ◻ を 答えの 十のくらいに, ⑧ ◻ を
答えの 百のくらいに 書きます。

答えは, 75+58=⑨ ◻ に なります。

おぼえよう 十のくらいに くり上がる たし算では, くり上げた 1を
たすのを わすれないように します。また, 百のくらいに
くり上がる 1を 書きわすれないように します。

計算してみよう

時間 15分 【はやい10分・おそい20分】
正答 /20個
合格 16個
シール

1 たし算を しましょう。

① 42
　+79

② 57
　+63

③ 97
　+94

④ 69
　+67

⑤ 76
　+99

⑥ 27
　+87

⑦ 63
　+49

⑧ 55
　+47

⑨ 96
　+85

⑩ 85
　+35

⑪ 99
　+61

⑫ 86
　+56

⑬ 98
　+26

⑭ 48
　+89

⑮ 88
　+18

⑯ 36
　+77

⑰ 89
　+75

⑱ 93
　+48

⑲ 59
　+99

⑳ 64
　+89

1 たし算を しましょう。(1つ 5点)

① 　95
　 ＋73

② 　31
　 ＋87

③ 　50
　 ＋85

④ 　72
　 ＋64

⑤ 　86
　 ＋40

⑥ 　83
　 ＋72

⑦ 　68
　 ＋51

⑧ 　74
　 ＋35

⑨ 　22
　 ＋96

⑩ 　62
　 ＋98

⑪ 　56
　 ＋84

⑫ 　85
　 ＋99

⑬ 　38
　 ＋87

⑭ 　29
　 ＋74

⑮ 　87
　 ＋69

⑯ 　94
　 ＋17

⑰ 　79
　 ＋78

⑱ 　78
　 ＋43

⑲ 　47
　 ＋95

⑳ 　96
　 ＋58

ふくしゅう テスト (12)

時間 15分 【はやい10分・おそい20分】 得点 合格 80点 点 シール

1 たし算を しましょう。(1つ 5点)

①
$$92 + 17$$

②
$$61 + 83$$

③
$$35 + 95$$

④
$$63 + 77$$

⑤
$$97 + 90$$

⑥
$$58 + 45$$

⑦
$$80 + 98$$

⑧
$$69 + 32$$

⑨
$$34 + 93$$

⑩
$$27 + 96$$

⑪
$$73 + 56$$

⑫
$$65 + 56$$

⑬
$$84 + 48$$

⑭
$$66 + 91$$

⑮
$$98 + 72$$

⑯
$$93 + 40$$

⑰
$$59 + 73$$

⑱
$$41 + 69$$

⑲
$$19 + 86$$

⑳
$$45 + 71$$

44

1 ひき算を しましょう。(1つ 5点)

① 120−50

② 170−80

③ 130−70

④ 160−70

⑤ 174−80

⑥ 105−30

⑦ 185−90

⑧ 112−60

2 たし算を しましょう。(1つ 5点)

①
```
   61
 +75
```

②
```
   36
 +82
```

③
```
   96
 +13
```

④
```
   47
 +82
```

⑤
```
   83
 +63
```

⑥
```
   72
 +56
```

⑦
```
   64
 +96
```

⑧
```
   35
 +89
```

⑨
```
   57
 +58
```

⑩
```
   86
 +47
```

⑪
```
   48
 +75
```

⑫
```
   39
 +93
```

1 ひき算を しましょう。(1つ 5点)

① $150-60$　　　　② $140-70$

③ $120-60$　　　　④ $110-80$

⑤ $189-90$　　　　⑥ $134-80$

⑦ $137-50$　　　　⑧ $165-90$

2 たし算を しましょう。(1つ 5点)

①
$$\begin{array}{r} 54 \\ +93 \\ \hline \end{array}$$

②
$$\begin{array}{r} 65 \\ +62 \\ \hline \end{array}$$

③
$$\begin{array}{r} 43 \\ +75 \\ \hline \end{array}$$

④
$$\begin{array}{r} 32 \\ +84 \\ \hline \end{array}$$

⑤
$$\begin{array}{r} 72 \\ +35 \\ \hline \end{array}$$

⑥
$$\begin{array}{r} 81 \\ +42 \\ \hline \end{array}$$

⑦
$$\begin{array}{r} 73 \\ +57 \\ \hline \end{array}$$

⑧
$$\begin{array}{r} 36 \\ +88 \\ \hline \end{array}$$

⑨
$$\begin{array}{r} 64 \\ +87 \\ \hline \end{array}$$

⑩
$$\begin{array}{r} 79 \\ +94 \\ \hline \end{array}$$

⑪
$$\begin{array}{r} 49 \\ +73 \\ \hline \end{array}$$

⑫
$$\begin{array}{r} 98 \\ +48 \\ \hline \end{array}$$

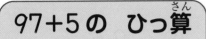

月　　日

24日 2けたの 数の たし算の ひっ算（5）

97+5の ひっ算

計算の しかた

❶ くらいを そ　　❷ 一のくらいの　　❸ 十のくらいの
ろえて 書く　　　計算を する　　　計算を する

$$
\begin{array}{r}
97 \\
+5 \\
\end{array}
\quad\rightarrow\quad
\begin{array}{r}
1 \\
97 \\
+5 \\
\hline
2 \\
\end{array}
\quad\rightarrow\quad
\begin{array}{r}
1 \\
97 \\
+5 \\
\hline
102 \\
\end{array}
$$

☐を うめて, 計算の しかたを おぼえましょう。

❶ くらいを そろえて 書きます。

❷ ① ☐ のくらいの 計算を します。

7+5=② ☐ に なるので, ③ ☐ を
答えの 一のくらいに 書き, ④ ☐ を
十のくらいに くり上げます。

くり上がりが
2回 ある
たし算だよ。

❸ ⑤ ☐ のくらいの 計算を します。

くり上げた ④ ☐ に 9を たすと, ⑥ ☐ に なる
ので, ⑦ ☐ を 答えの 十のくらいに, ⑧ ☐ を 答
えの 百のくらいに 書きます。

答えは, 97+5=⑨ ☐ に なります。

おぼえよう　十のくらいに くり上がる たし算では, くり上げた 1を
たすのを わすれないように します。また, 百のくらいに
くり上がる 1を 書きわすれないように します。

47

計算してみよう

1 たし算を　しましょう。

① 　99
　＋　3

② 　95
　＋　6

③ 　96
　＋　4

④ 　9１
　＋　9

⑤ 　99
　＋　5

⑥ 　99
　＋　8

⑦ 　97
　＋　7

⑧ 　98
　＋　2

⑨ 　96
　＋　9

⑩ 　98
　＋　7

⑪ 　93
　＋　7

⑫ 　94
　＋　9

⑬ 　99
　＋　7

⑭ ★　　7
　＋96

⑮ ★　　5
　＋95

⑯ ★　　5
　＋98

⑰ ★　　8
　＋98

⑱ ★　　4
　＋97

⑲ ★　　6
　＋96

⑳ ★　　3
　＋98

48

25日 2けたの 数の ひき算の ひっ算 (3)

135−63の ひっ算

計算の しかた

❶ くらいを そろえて 書く
$$
\begin{array}{r}
1\,3\,5 \\
-\ \ 6\,3 \\
\hline
\end{array}
$$

→

❷ 一のくらいの 計算を する
$$
\begin{array}{r}
1\,3\,5 \\
-\ \ 6\,3 \\
\hline
2 \\
\end{array}
$$

→

❸ 十のくらいの 計算を する
$$
\begin{array}{r}
1\,3\,5 \\
-\ \ 6\,3 \\
\hline
7\,2 \\
\end{array}
$$

☐を うめて, 計算の しかたを おぼえましょう。

❶ くらいを そろえて 書きます。

❷ ① ☐ のくらいの 計算を します。

5−3=② ☐ に なるので, ② ☐ を
答えの 一のくらいに 書きます。

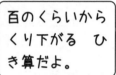
百のくらいから
くり下がる ひ
き算だよ。

❸ ③ ☐ のくらいの 計算を しますが,

3から 6は ひけないので, ④ ☐ のくらいから 1

くり下げると, 13−6=⑤ ☐ に なるので, ⑤ ☐ を
答えの 十のくらいに 書きます。

答えは, 135−63=⑥ ☐ に なります。

おぼえよう | 十のくらいの ひき算で ひけないときは, 百のくらいから
1 くり下げます。

計算してみよう

時間 15分
【はやい10分・おそい20分】

合格 16個

正答

/20個

シール

---

1 ひき算を しましょう。

①
```
  117
-  55
```

②
```
  144
-  74
```

③
```
  178
-  97
```

④
```
  129
-  99
```

⑤
```
  116
-  82
```

⑥
```
  105
-  61
```

⑦
```
  121
-  60
```

⑧
```
  139
-  58
```

⑨
```
  159
-  90
```

⑩
```
  188
-  95
```

⑪
```
  119
-  96
```

⑫
```
  158
-  64
```

⑬
```
  107
-  83
```

⑭
```
  133
-  81
```

⑮
```
  112
-  71
```

⑯
```
  115
-  40
```

⑰
```
  168
-  86
```

⑱
```
  106
-  24
```

⑲
```
  125
-  32
```

⑳
```
  109
-  73
```

1 たし算を しましょう。(1つ 5点)

①　　92
　　+　8

②　　98
　　+　5

③　　93
　　+　9

④　　95
　　+　7

⑤　　98
　　+　3

⑥　　96
　　+　8

⑦　　99
　　+　6

⑧　　97
　　+　9

⑨★　　4
　　+96

⑩★　　9
　　+99

⑪★　　7
　　+94

⑫★　　9
　　+91

2 ひき算を しましょう。(1つ 5点)

①　159
　− 85

②　128
　− 82

③　132
　− 40

④　104
　− 31

⑤　146
　− 96

⑥　115
　− 64

⑦　167
　− 72

⑧　118
　− 43

1 たし算を しましょう。(1つ 5点)

① 　99
　＋　2

② 　　7
　＋98

③ 　93
　＋　8

④ 　97
　＋　5

⑤ 　95
　＋　9

⑥ 　　8
　＋99

⑦ 　96
　＋　7

⑧ 　97
　＋　3

⑨ 　　1
　＋99

⑩ 　96
　＋　5

⑪ 　98
　＋　4

⑫ 　　9
　＋94

2 ひき算を しましょう。(1つ 5点)

① 　176
　－　91

② 　108
　－　16

③ 　139
　－　74

④ 　105
　－　92

⑤ 　157
　－　83

⑥ 　148
　－　53

⑦ 　127
　－　44

⑧ 　168
　－　75

27日 2けたの 数の ひき算の ひっ算 (4)

143-67の ひっ算

計算の しかた

❶ くらいを そ　　❷ 一のくらいの　　❸ 十のくらいの
　 ろえて 書く　　　 計算を する　　　 計算を する

```
   1 4 3            1 ⁴3̸ 3         1 ⁴3̸ 3
 -   6 7     →    -   6 7     →   -   6 7
                          6            7 6
```

⬜を うめて, 計算の しかたを おぼえましょう。

❶ くらいを そろえて 書きます。

❷ ① ⬜ のくらいの 計算を しますが, 3 から 7は ひけないので, ② ⬜ のくら いから 1 くり下げると, 13-7= ③ ⬜ に なるので, ③ ⬜ を 答えの 一のくら いに 書きます。

くり下がりが 2回 ある ひき算だよ。

❸ ④ ⬜ のくらいの 計算を しますが, 一のくらいへ 1 くり下げたので, ひかれる数の 十のくらいは 3に なり ます。3から 6は ひけないので, ⑤ ⬜ のくらいから 1 くり下げると, 13-6= ⑥ ⬜ に なるので, ⑥ ⬜ を 答えの 十のくらいに 書きます。
答えは, 143-67= ⑦ ⬜ に なります。

計算してみよう

1 ひき算を しましょう。

① 141 − 95

② 125 − 78

③ 110 − 15

④ 112 − 66

⑤ 173 − 94

⑥ 130 − 58

⑦ 153 − 76

⑧ 113 − 49

⑨ 152 − 59

⑩ 194 − 96

⑪ 140 − 81

⑫ 121 − 98

⑬ 131 − 87

⑭ 122 − 48

⑮ 116 − 99

⑯ 101 − 93

⑰ 108 − 69

⑱ 104 − 97

⑲ 102 − 77

⑳ 100 − 39

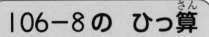

2けたの 数の ひき算の ひっ算 (5)

106−8の ひっ算

計算の しかた

❶ くらいを そ　　❷ 一のくらいの　　❸ 十のくらいの
　ろえて 書く　　　 計算を する　　　 計算を する

```
    1 0 6          9                9
  -   8     →    1̸ 0 6      →    1̸ 0̸ 6
                -    8           -    8
                     8              9 8
```

☐を うめて, 計算の しかたを おぼえましょう。

❶ くらいを そろえて 書きます。

❷ ①[　　　]のくらいの 計算を しますが, 6

から 8は ひけないので, ②[　　　]のくら

いから 1 くり下げますが, 十のくらいが

0だから ③[　　　]のくらいから 1 くり

下げると, 16−8=④[　　　]に なるので, ④[　　　]を 答

えの 一のくらいに 書きます。

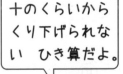

十のくらいから
くり下げられな
い ひき算だよ。

❸ 百のくらいから 1 くり下げて, さらに 一のくらいへ

くり下げたから, 十のくらいは ⑤[　　　]に なるので,

⑤[　　　]を 答えの 十のくらいに 書きます。

答えは, 106−8=⑥[　　　]に なります。

おぼえよう 十のくらいから くり下げられないときは, 百のくらいから
くり下げます。

計算してみよう

1 ひき算を しましょう。

①
```
  1 0 7
-     9
```

②
```
  1 0 1
-     2
```

③
```
  1 0 2
-     8
```

④
```
  1 0 1
-     9
```

⑤
```
  1 0 7
-     9
```

⑥
```
  1 0 2
-     6
```

⑦
```
  1 0 1
-     5
```

⑧
```
  1 0 4
-     7
```

⑨
```
  1 0 0
-     8
```

⑩
```
  1 0 3
-     9
```

⑪
```
  1 0 0
-     7
```

⑫
```
  1 0 4
-     5
```

⑬
```
  1 0 3
-     8
```

⑭
```
  1 0 1
-     7
```

⑮
```
  1 0 2
-     4
```

⑯
```
  1 0 5
-     9
```

⑰
```
  1 0 4
-     6
```

⑱
```
  1 0 5
-     8
```

⑲
```
  1 0 1
-     3
```

⑳
```
  1 0 0
-     4
```

1 ひき算を しましょう。(1つ 5点)

① 153
－ 85

② 121
－ 82

③ 132
－ 49

④ 104
－ 37

⑤ 145
－ 96

⑥ 110
－ 64

⑦ 160
－ 72

⑧ 118
－ 49

⑨ 120
－ 77

⑩ 156
－ 59

⑪ 131
－ 94

⑫ 143
－ 87

⑬ 173
－ 86

⑭ 102
－ 93

⑮ 111
－ 98

⑯ 105
－ 7

⑰ 100
－ 5

⑱ 102
－ 5

⑲ 104
－ 8

⑳ 101
－ 6

ふくしゅう テスト (16)

時間 15分
【はやい10分・おそい20分】
合格 80点
得点
点
シール

1 ひき算を しましょう。(1つ 5点)

① 145
 － 99

② 170
 － 91

③ 107
 － 8

④ 104
 － 16

⑤ 101
 － 93

⑥ 133
 － 74

⑦ 102
 － 7

⑧ 112
 － 89

⑨ 101
 － 92

⑩ 152
 － 83

⑪ 154
 － 76

⑫ 105
 － 6

⑬ 133
 － 68

⑭ 101
 － 97

⑮ 140
 － 53

⑯ 121
 － 95

⑰ 100
 － 2

⑱ 126
 － 28

⑲ 140
 － 54

⑳ 123
 － 44

30日 まとめテスト (7)

時間 20分【はやい15分・おそい25分】
合格 80点
得点
点
月　日
シール

1 たし算を しましょう。(1つ 5点)

① 　94
　+　7

② 　96
　+　6

③ 　98
　+　8

④ 　　3
　+98

⑤ 　　6
　+97

⑥ 　　9
　+94

2 ひき算を しましょう。(1つ 5点)

① 137
　-　65

② 108
　-　84

③ 145
　-　72

④ 164
　-　94

⑤ 126
　-　51

⑥ 152
　-　69

⑦ 110
　-　37

⑧ 177
　-　98

⑨ 184
　-　96

⑩ 143
　-　66

⑪ 105
　-　　7

⑫ 108
　-　　9

⑬ 100
　-　　5

⑭ 103
　-　　6

1 たし算を しましょう。(1つ 5点)

①
```
  93
+  7
```

②
```
  92
+  9
```

③
```
  97
+  8
```

④
```
   8
+ 94
```

⑤
```
   5
+ 99
```

⑥
```
   6
+ 95
```

2 ひき算を しましょう。(1つ 5点)

①
```
  128
-  43
```

②
```
  172
-  90
```

③
```
  115
-  65
```

④
```
  187
-  92
```

⑤
```
  103
-  71
```

⑥
```
  164
-  88
```

⑦
```
  136
-  57
```

⑧
```
  112
-  67
```

⑨
```
  152
-  96
```

⑩
```
  151
-  92
```

⑪
```
  104
-   9
```

⑫
```
  100
-   6
```

⑬
```
  101
-   4
```

⑭
```
  106
-   8
```

しんきゅうテスト (1)

時間 **30分** 【はやい25分・おそい35分】
合格 **80点**

得点

点

シール

1 計算を しましょう。(1つ 2点)

① 40+39　　　② 22+70

③ 53−40　　　④ 37−30

⑤ 20+90　　　⑥ 63+60

⑦ 130−80　　　⑧ 115−80

2 たし算を しましょう。(1つ 2点)

①
```
   27
 +62
```

②
```
   34
 +35
```

③
```
   41
 +  6
```

④
```
   74
 +18
```

⑤
```
    6
 +75
```

⑥
```
   37
 +24
```

3 ひき算を しましょう。(1つ 2点)

①
```
   77
 −  3
```

②
```
   75
 −44
```

③
```
   68
 −25
```

④
```
   96
 −47
```

⑤
```
   61
 −  7
```

⑥
```
   40
 −21
```

61

4 たし算を しましょう。(1つ 3点)

①
```
  53
+ 93
```

②
```
  74
+ 27
```

③
```
  82
+ 44
```

④
```
  24
+ 86
```

⑤
```
  76
+ 62
```

⑥
```
  78
+ 87
```

⑦
```
  99
+  5
```

⑧
```
  47
+ 89
```

★
⑨
```
    7
+ 97
```

5 ひき算を しましょう。(1つ 3点)

①
```
  146
-  62
```

②
```
  136
-  87
```

★
③
```
  102
-  64
```

④
```
  105
-   8
```

⑤
```
  117
-  94
```

⑥
```
  144
-  49
```

★
⑦
```
  102
-  97
```

⑧
```
  174
-  87
```

★
⑨
```
  105
-  96
```

⑩
```
  128
-  61
```

⑪
```
  150
-  73
```

しんきゅうテスト(2)

月　日

得点　　点

シール

1 計算を しましょう。(1つ 2点)

① 24+20　　② 60+17

③ 72-70　　④ 48-30

⑤ 80+40　　⑥ 50+93

⑦ 160-50　　⑧ 133-60

2 たし算を しましょう。(1つ 2点)

①
```
  1 4
+ 3 2
```

②
```
  6 5
+ 2 3
```

③
```
    8
+ 5 1
```

④
```
  5 6
+ 2 9
```

⑤
```
  3 7
+ 3 9
```

⑥
```
  8 9
+   6
```

3 ひき算を しましょう。(1つ 2点)

①
```
  7 6
- 2 4
```

②
```
  4 4
-   4
```

③
```
  6 7
- 3 6
```

④
```
  5 3
-   8
```

⑤
```
  9 2
- 5 7
```

⑥
```
  8 1
-   5
```

63

4 たし算を しましょう。(1つ 3点)

① 56
　+27

② 38
　+49

③ 76
　+17

④ 64
　+78

⑤ 81
　+19

⑥ 27
　+95

★
⑦ 　5
　+96

⑧ 95
　+ 8

★
⑨ 　3
　+99

5 ひき算を しましょう。(1つ 3点)

① 135
　− 51

② 162
　− 80

③ 107
　− 43

④ 184
　− 92

⑤ 150
　− 67

★
⑥ 101
　− 45

⑦ 126
　− 78

⑧ 147
　− 69

⑨ 106
　−　9

⑩ 103
　−　5

⑪ 100
　−　3

しんきゅうテスト(3)

1 計算を しましょう。(1つ 2点)

① 30+41　　② 75+20

③ 86−20　　④ 64−10

⑤ 60+80　　⑥ 94+40

⑦ 110−30　　⑧ 146−80

2 たし算を しましょう。(1つ 2点)

①　　53
　　+26

②　　31
　　+68

③　　74
　　+　2

④　　15
　　+35

⑤　　　9
　　+47

⑥　　67
　　+18

3 ひき算を しましょう。(1つ 2点)

①　　69
　　−　7

②　　53
　　−42

③　　84
　　−　3

④　　72
　　−63

⑤　　38
　　−　9

⑥　　91
　　−19

4 たし算を しましょう。(1つ 3点)

① 　35
　＋45

② 　67
　＋28

③ 　59
　＋34

④ 　48
　＋79

⑤ 　96
　＋87

⑥ 　75
　＋68

⑦ 　99
　＋ 9

★⑧ 　 4
　＋98

⑨ 　94
　＋ 8

5 ひき算を しましょう。(1つ 3点)

① 　123
　－ 72

② 　158
　－ 91

③ 　147
　－ 65

④ 　116
　－ 50

⑤ 　162
　－ 87

⑥ 　181
　－ 99

★⑦ 　108
　－ 39

⑧ 　103
　－ 4

⑨ 　100
　－ 8

⑩ 　102
　－ 3

⑪ 　106
　－ 7

●1ページ

1 ①9 ②6 ③8 ④10 ⑤0 ⑥8 ⑦15
  ⑧16 ⑨16 ⑩19

2 ①4 ②3 ③5 ④7 ⑤0 ⑥0 ⑦10
  ⑧13 ⑨11 ⑩13

3 ①16 ②10 ③19 ④10

●2ページ

1 ①12 ②17 ③13 ④13 ⑤57 ⑥99
  ⑦49 ⑧89 ⑨80 ⑩39 ⑪90 ⑫90

◀チェックポイント▶　（2けた）+（1けた）の計算
は，まず一の位の数どうしをたし，次に何十と
一の位の数どうしの和をたします。

2 ①9 ②5 ③9 ④9 ⑤40 ⑥80 ⑦37
  ⑧74 ⑨63 ⑩90 ⑪20 ⑫70 ⑬20

◀チェックポイント▶　（2けた）-（1けた）の計算
は，まず一の位の数どうしでひき算をし，次に
何十と一の位の数どうしの差をたします。

●3ページ

1 ①7 ②8 ③4 ④10 ⑤7 ⑥4 ⑦18
  ⑧17 ⑨17 ⑩19

2 ①1 ②3 ③4 ④5 ⑤0 ⑥10 ⑦14
  ⑧10 ⑨11 ⑩12

3 ①10 ②0 ③9 ④3

●4ページ

1 ①11 ②12 ③15 ④12 ⑤45 ⑥73
  ⑦89 ⑧95 ⑨78 ⑩50 ⑪60 ⑫90

2 ①8 ②7 ③4 ④5 ⑤23 ⑥51 ⑦80
  ⑧66 ⑨95 ⑩40 ⑪30 ⑫20 ⑬10

●5ページ

□内 ①5 ②50 ③54 ④7 ⑤70 ⑥72

●6ページ

1 ①66 ②89 ③55 ④93 ⑤53 ⑥69
  ⑦87 ⑧72 ⑨45 ⑩94 ⑪87 ⑫89
  ⑬38 ⑭66 ⑮61 ⑯98 ⑰42 ⑱74
  ⑲71 ⑳98

◀チェックポイント▶　（2けた）+（何十）の計算は，
まず十の位の数どうしをたし，その和の右側に
0をつけた数と一の位の数をたします。

計算のしかた

①十のくらいの 数は 1+5=6 だから，
  16+50=60+6=66

②十のくらいの 数は 3+5=8 だから，
  39+50=80+9=89

③十のくらいの 数は 3+2=5 だから，
  35+20=50+5=55

④十のくらいの 数は 4+5=9 だから，
  43+50=90+3=93

⑤十のくらいの 数は 1+4=5 だから，
  13+40=50+3=53

⑥十のくらいの 数は 2+4=6 だから，
  29+40=60+9=69

⑦十のくらいの 数は 7+1=8 だから，
  77+10=80+7=87

⑧十のくらいの 数は 2+5=7 だから，
  22+50=70+2=72

⑨十のくらいの 数は 2+2=4 だから，
  25+20=40+5=45

⑩十のくらいの 数は 1+8=9 だから，
  14+80=90+4=94

⑪十のくらいの 数は 4+4=8 だから，
  47+40=80+7=87

⑫十のくらいの 数は 6+2=8 だから，
  69+20=80+9=89

⑬十のくらいの 数は 1+2=3 だから，
  18+20=30+8=38

⑭十のくらいの 数は 5+1=6 だから，

56+10=60+6=66

⑮ 十のくらいの 数は 4+2=6 だから,
41+20=60+1=61

⑯ 十のくらいの 数は 2+7=9 だから,
28+70=90+8=98

⑰ 十のくらいの 数は 1+3=4 だから,
12+30=40+2=42

⑱ 十のくらいの 数は 3+4=7 だから,
34+40=70+4=74

⑲ 十のくらいの 数は 2+5=7 だから,
21+50=70+1=71

⑳ 十のくらいの 数は 3+6=9 だから,
38+60=90+8=98

●7ページ

▢内 ①2 ②20 ③27 ④0 ⑤4

●8ページ

1 ①14 ②2 ③32 ④56 ⑤68 ⑥7
⑦7 ⑧33 ⑨83 ⑩1 ⑪19 ⑫68 ⑬21
⑭5 ⑮24 ⑯35 ⑰6 ⑱37 ⑲9 ⑳12

◀チェックポイント▶ （2けた）−（何十）の計算は,
まず十の位の数どうしでひき算をし, その差の
右側に0をつけた数と一の位の数をたします。

計算のしかた

① 十のくらいの 数は 2−1=1 だから,
24−10=10+4=14

② 十のくらいの 数は 8−8=0 だから,
82−80=2

③ 十のくらいの 数は 5−2=3 だから,
52−20=30+2=32

④ 十のくらいの 数は 9−4=5 だから,
96−40=50+6=56

⑤ 十のくらいの 数は 7−1=6 だから,
78−10=60+8=68

⑥ 十のくらいの 数は 1−1=0 だから,
17−10=7

⑦ 十のくらいの 数は 7−7=0 だから,
77−70=7

⑧ 十のくらいの 数は 6−3=3 だから,

63−30=30+3=33

⑨ 十のくらいの 数は 9−1=8 だから,
93−10=80+3=83

⑩ 十のくらいの 数は 4−4=0 だから,
41−40=1

⑪ 十のくらいの 数は 3−2=1 だから,
39−20=10+9=19

⑫ 十のくらいの 数は 8−2=6 だから,
88−20=60+8=68

⑬ 十のくらいの 数は 9−7=2 だから,
91−70=20+1=21

⑭ 十のくらいの 数は 9−9=0 だから,
95−90=5

⑮ 十のくらいの 数は 8−6=2 だから,
84−60=20+4=24

⑯ 十のくらいの 数は 7−4=3 だから,
75−40=30+5=35

⑰ 十のくらいの 数は 6−6=0 だから,
66−60=6

⑱ 十のくらいの 数は 4−1=3 だから,
47−10=30+7=37

⑲ 十のくらいの 数は 2−2=0 だから,
29−20=9

⑳ 十のくらいの 数は 6−5=1 だから,
62−50=10+2=12

●9ページ

1 ①74 ②98 ③53 ④83 ⑤77 ⑥76
⑦85 ⑧84 ⑨96 ⑩45

2 ①13 ②5 ③57 ④4 ⑤2 ⑥38
⑦56 ⑧5 ⑨19 ⑩51

●10ページ

1 ①74 ②61 ③77 ④58 ⑤76 ⑥87
⑦42 ⑧83 ⑨59 ⑩95

2 ①6 ②15 ③49 ④48 ⑤23 ⑥4
⑦27 ⑧43 ⑨9 ⑩47

●11ページ

▢内 ①− ②6 ③十 ④5 ⑤56

●12ページ

1 ①97 ②98 ③80 ④99 ⑤65 ⑥78
⑦76 ⑧69 ⑨77 ⑩38 ⑪75 ⑫86
⑬48 ⑭89 ⑮79 ⑯26 ⑰67 ⑱84
⑲49 ⑳38

<チェックポイント> くり上がりのない筆算は，一の位，十の位の数をそれぞれたして計算します。たし算の筆算では，位を縦にそろえて書く，一の位から十の位へ順に計算することを守らせてください。

計算のしかた

①
```
  67
+ 30
  97
```
②
```
  40
+ 58
  98
```
③
```
  20
+ 60
  80
```
④
```
  13
+ 86
  99
```
⑤
```
  22
+ 43
  65
```
⑥
```
  51
+ 27
  78
```
⑦
```
  24
+ 52
  76
```
⑧
```
  35
+ 34
  69
```
⑨
```
  46
+ 31
  77
```
⑩
```
  25
+ 13
  38
```
⑪
```
  53
+ 22
  75
```
⑫
```
  62
+ 24
  86
```
⑬
```
  24
+ 24
  48
```
⑭
```
  32
+ 57
  89
```
⑮
```
  64
+ 15
  79
```
⑯
```
  24
+  2
  26
```
⑰
```
  63
+  4
  67
```
⑱
```
  81
+  3
  84
```
⑲
```
   7
+ 42
  49
```
⑳
```
   5
+ 33
  38
```

●13ページ

☐内 ①− ②15 ③1 ④＋ ⑤8 ⑥85

●14ページ

1 ①54 ②83 ③81 ④76 ⑤75 ⑥96
⑦92 ⑧74 ⑨86 ⑩93 ⑪64 ⑫63
⑬41 ⑭35 ⑮37 ⑯20 ⑰32 ⑱41
⑲51 ⑳30

<チェックポイント> くり上がりのあるたし算は間違いが多いので，くり上がりの数を小さく書く工夫をして，計算間違いをしないようにさせましょう。

計算のしかた

①
```
  1
  26
+ 28
  54
```
②
```
  1
  29
+ 54
  83
```
③
```
  1
  64
+ 17
  81
```
④
```
  1
  47
+ 29
  76
```
⑤
```
  1
  56
+ 19
  75
```
⑥
```
  1
  78
+ 18
  96
```
⑦
```
  1
  63
+ 29
  92
```
⑧
```
  1
  37
+ 37
  74
```
⑨
```
  1
  29
+ 57
  86
```
⑩
```
  1
  46
+ 47
  93
```
⑪
```
  1
  45
+ 19
  64
```
⑫
```
  1
  27
+ 36
  63
```
⑬
```
  1
  36
+  5
  41
```
⑭
```
  1
  28
+  7
  35
```
⑮
```
  1
  29
+  8
  37
```
⑯
```
  1
  16
+  4
  20
```
⑰
```
  1
   7
+ 25
  32
```
⑱
```
  1
   9
+ 32
  41
```
⑲
```
  1
   8
+ 43
  51
```
⑳
```
  1
   1
+ 29
  30
```

●15ページ

1 ①48 ②67 ③79 ④43 ⑤98 ⑥67
⑦59 ⑧45 ⑨99 ⑩75 ⑪68 ⑫98
⑬65 ⑭91 ⑮71 ⑯98 ⑰92 ⑱81
⑲35 ⑳44

●16ページ

1 ①35 ②63 ③38 ④89 ⑤77 ⑥93
⑦84 ⑧90 ⑨85 ⑩82 ⑪92 ⑫56
⑬69 ⑭83 ⑮60 ⑯54 ⑰92 ⑱53
⑲82 ⑳31

●17ページ

1 ①37 ②84 ③68 ④85 ⑤28 ⑥24
⑦7 ⑧21

2 ①37 ②75 ③99 ④49 ⑤99 ⑥88
⑦74 ⑧65 ⑨90 ⑩47 ⑪50 ⑫76

●18ページ

1 ①52 ②83 ③87 ④99 ⑤61 ⑥27
⑦52 ⑧8

2 ①79 ②87 ③80 ④56 ⑤77 ⑥69
⑦73 ⑧63 ⑨82 ⑩60 ⑪41 ⑫96

●19 ページ

□内 ①ー ②4 ③＋ ④2 ⑤24

●20 ページ

1 ①44 ②4 ③62 ④71 ⑤71 ⑥22
⑦32 ⑧6 ⑨64 ⑩11 ⑪30 ⑫12
⑬52 ⑭18 ⑮2 ⑯55 ⑰70 ⑱33
⑲93 ⑳81

◆チェックポイント▶ くり下がりのない筆算は，一
の位，十の位の数をそれぞれひいて計算します。
ひき算の筆算では，位を縦にそろえて書く，上
の数から下の数をひく，一の位から十の位へと
順に計算することを守らせてください。

計算のしかた

① 79 −35 44
② 58 −54 4
③ 78 −16 62
④ 98 −27 71

⑤ 81 −10 71
⑥ 96 −74 22
⑦ 47 −15 32
⑧ 66 −60 6

⑨ 95 −31 64
⑩ 36 −25 11
⑪ 53 −23 30
⑫ 92 −80 12

⑬ 73 −21 52
⑭ 29 −11 18
⑮ 44 −42 2
⑯ 59 − 4 55

⑰ 77 − 7 70
⑱ 38 − 5 33
⑲ 99 − 6 93
⑳ 87 − 6 81

●21 ページ

□内 ①ー ②7 ③＋ ④3 ⑤37

●22 ページ

1 ①6 ②17 ③13 ④47 ⑤48 ⑥5
⑦13 ⑧58 ⑨67 ⑩5 ⑪16 ⑫18
⑬58 ⑭7 ⑮39 ⑯47 ⑰9 ⑱64 ⑲45
⑳2

◆チェックポイント▶ くり下がりのあるひき算は
間違いが多いので，くり下げたために1小さく
なった数を小さく書く工夫をして，計算間違い
をしないようにさせましょう。

計算のしかた

① 24 −18 6
② 51 −34 17
③ 62 −49 13
④ 93 −46 47

⑤ 65 −17 48
⑥ 84 −79 5
⑦ 31 −18 13
⑧ 92 −34 58

⑨ 74 − 7 67
⑩ 53 −48 5
⑪ 32 −16 16
⑫ 91 −73 18

⑬ 67 − 9 58
⑭ 45 −38 7
⑮ 82 −43 39
⑯ 70 −23 47

⑰ 30 −21 9
⑱ 90 −26 64
⑲ 80 −35 45
⑳ 60 −58 2

●23 ページ

1 ①12 ②43 ③60 ④64 ⑤20 ⑥51
⑦20 ⑧33

2 ①17 ②29 ③36 ④27 ⑤59 ⑥21
⑦69 ⑧27 ⑨7 ⑩58 ⑪69 ⑫13

●24 ページ

1 ①17 ②73 ③37 ④3 ⑤38 ⑥4
⑦9 ⑧75 ⑨71 ⑩82 ⑪4 ⑫86 ⑬24
⑭8 ⑮15 ⑯34 ⑰66 ⑱58 ⑲46
⑳18

●25 ページ

□内 ①10 ②12 ③120 ④10 ⑤11
⑥110

●26 ページ

1 ①140 ②150 ③130 ④120 ⑤140
⑥120 ⑦180 ⑧120 ⑨120 ⑩160
⑪170 ⑫130 ⑬110 ⑭130 ⑮110
⑯160 ⑰110 ⑱110 ⑲150 ⑳140

◆チェックポイント▶ 何十のたし算は10のまとま
りが何個あるかを考えます。

計算のしかた

① 50+90 → 10が（5+9）こ
　　→ 10が 14こ → 140

② 80+70 → 10が（8+7）こ
　　→ 10が 15こ → 150

③ 90+40 → 10が（9+4）こ
　　→ 10が 13こ → 130

④ 60+60 → 10が（6+6）こ
　　→ 10が 12こ → 120

⑤ 80+60 → 10が（8+6）こ
　　→ 10が 14こ → 140

⑥ 30+90 → 10が（3+9）こ
　　→ 10が 12こ → 120

⑦ 90+90 → 10が（9+9）こ
　　→ 10が 18こ → 180

⑧ 40+80 → 10が（4+8）こ
　　→ 10が 12こ → 120

⑨ 70+50 → 10が（7+5）こ
　　→ 10が 12こ → 120

⑩ 70+90 → 10が（7+9）こ
　　→ 10が 16こ → 160

⑪ 90+80 → 10が（9+8）こ
　　→ 10が 17こ → 170

⑫ 80+50 → 10が（8+5）こ
　　→ 10が 13こ → 130

⑬ 20+90 → 10が（2+9）こ
　　→ 10が 11こ → 110

⑭ 60+70 → 10が（6+7）こ
　　→ 10が 13こ → 130

⑮ 30+80 → 10が（3+8）こ
　　→ 10が 11こ → 110

⑯ 80+80 → 10が（8+8）こ
　　→ 10が 16こ → 160

⑰ 70+40 → 10が（7+4）こ
　　→ 10が 11こ → 110

⑱ 60+50 → 10が（6+5）こ
　　→ 10が 11こ → 110

⑲ 90+60 → 10が（9+6）こ
　　→ 10が 15こ → 150

⑳ 70+70 → 10が（7+7）こ

　　→ 10が 14こ → 140

● 27 ページ

☐内 ①12 ②120 ③122 ④10 ⑤100
　⑥104

● 28 ページ

1　①128 ②141 ③127 ④145 ⑤165
　⑥109 ⑦179 ⑧132 ⑨104 ⑩137
　⑪114 ⑫153 ⑬112 ⑭118 ⑮146
　⑯133 ⑰129 ⑱118 ⑲153 ⑳186

◀チェックポイント▶ （2けた）＋（何十）の計算は，
十の位の数どうしをたし，その和の右側に0を
つけた数に，残りの一の位の数をたします。

計算のしかた

① 十のくらいの 計算は 6+6=12 だから，
　68+60=120+8=128

② 十のくらいの 計算は 9+5=14 だから，
　91+50=140+1=141

③ 十のくらいの 計算は 3+9=12 だから，
　37+90=120+7=127

④ 十のくらいの 計算は 7+7=14 だから，
　75+70=140+5=145

⑤ 十のくらいの 計算は 9+7=16 だから，
　95+70=160+5=165

⑥ 十のくらいの 計算は 1+9=10 だから，
　19+90=100+9=109

⑦ 十のくらいの 計算は 8+9=17 だから，
　89+90=170+9=179

⑧ 十のくらいの 計算は 5+8=13 だから，
　52+80=130+2=132

⑨ 十のくらいの 計算は 8+2=10 だから，
　84+20=100+4=104

⑩ 十のくらいの 計算は 6+7=13 だから，
　67+70=130+7=137

⑪ 十のくらいの 計算は 5+6=11 だから，
　54+60=110+4=114

⑫ 十のくらいの 計算は 6+9=15 だから，
　63+90=150+3=153

⑬十のくらいの　計算は　7+4=11 だから，
72+40=110+2=112

⑭十のくらいの　計算は　8+3=11 だから，
88+30=110+8=118

⑮十のくらいの　計算は　8+6=14 だから，
86+60=140+6=146

⑯十のくらいの　計算は　9+4=13 だから，
93+40=130+3=133

⑰十のくらいの　計算は　5+7=12 だから，
59+70=120+9=129

⑱十のくらいの　計算は　9+2=11 だから，
98+20=110+8=118

⑲十のくらいの　計算は　7+8=15 だから，
73+80=150+3=153

⑳十のくらいの　計算は　9+9=18 だから，
96+90=180+6=186

● 29 ページ

1　①140　②150　③110　④170　⑤110
⑥110　⑦130　⑧120　⑨150　⑩160
⑪136　⑫142　⑬137　⑭128　⑮119
⑯122　⑰121　⑱165　⑲103　⑳104

● 30 ページ

1　①107　②130　③111　④160　⑤130
⑥116　⑦140　⑧106　⑨148　⑩152
⑪120　⑫140　⑬182　⑭110　⑮174
⑯125　⑰120　⑱133　⑲159　⑳107

● 31 ページ

1　①13　②44　③41　④62　⑤43　⑥85
⑦54　⑧16　⑨5　⑩14　⑪56　⑫88
2　①110　②120　③140　④110　⑤138
⑥135　⑦118　⑧185

● 32 ページ

1　①43　②8　③54　④82　⑤60　⑥94
⑦14　⑧2　⑨46　⑩69　⑪88　⑫77
2　①110　②120　③130　④120　⑤109
⑥123　⑦112　⑧114

● 33 ページ

□内　①10　②6　③60　④10　⑤7　⑥70

● 34 ページ

1　①80　②90　③40　④40　⑤90　⑥90
⑦50　⑧70　⑨30　⑩80　⑪80　⑫80
⑬70　⑭70　⑮40　⑯50　⑰90　⑱70
⑲60　⑳60

◀チェックポイント▶　（百何十）－（何十）の計算は，
10のまとまりが何個あるかを考えます。

計算のしかた

①140-60 → 10が（14-6）こ
→ 10が 8こ → 80

②170-80 → 10が（17-8）こ
→ 10が 9こ → 90

③130-90 → 10が（13-9）こ
→ 10が 4こ → 40

④110-70 → 10が（11-7）こ
→ 10が 4こ → 40

⑤120-30 → 10が（12-3）こ
→ 10が 9こ → 90

⑥180-90 → 10が（18-9）こ
→ 10が 9こ → 90

⑦110-60 → 10が（11-6）こ
→ 10が 5こ → 50

⑧140-70 → 10が（14-7）こ
→ 10が 7こ → 70

⑨120-90 → 10が（12-9）こ
→ 10が 3こ → 30

⑩150-70 → 10が（15-7）こ
→ 10が 8こ → 80

⑪130-50 → 10が（13-5）こ
→ 10が 8こ → 80

⑫120-40 → 10が（12-4）こ
→ 10が 8こ → 80

⑬160-90 → 10が（16-9）こ
→ 10が 7こ → 70

⑭110-40 → 10が（11-4）こ
→ 10が 7こ → 70

⑮ 120−80 → 10 が （12−8）こ
　　　→ 10 が 4 こ → 40
⑯ 130−80 → 10 が （13−8）こ
　　　→ 10 が 5 こ → 50
⑰ 110−20 → 10 が （11−2）こ
　　　→ 10 が 9 こ → 90
⑱ 120−50 → 10 が （12−5）こ
　　　→ 10 が 7 こ → 70
⑲ 140−80 → 10 が （14−8）こ
　　　→ 10 が 6 こ → 60
⑳ 150−90 → 10 が （15−9）こ
　　　→ 10 が 6 こ → 60

● 35 ページ

□内 ①10 ②5 ③50 ④56 ⑤10 ⑥8
⑦80 ⑧82

● 36 ページ

1 ①73 ②96 ③87 ④78 ⑤62 ⑥42
⑦81 ⑧59 ⑨53 ⑩58 ⑪91 ⑫35
⑬44 ⑭71 ⑮85 ⑯47 ⑰99 ⑱23
⑲74 ⑳89

◀チェックポイント▶ （3けた）−（何十）の計算は，十の位より上の数どうしでひき算をし，その差の右側に0をつけた数に，残りの一の位の数をたします。

計算のしかた

①百のくらいと　十のくらいの　計算は
　14−7=7 だから，143−70=70+3=73
②百のくらいと　十のくらいの　計算は
　17−8=9 だから，176−80=90+6=96
③百のくらいと　十のくらいの　計算は
　11−3=8 だから，117−30=80+7=87
④百のくらいと　十のくらいの　計算は
　12−5=7 だから，128−50=70+8=78
⑤百のくらいと　十のくらいの　計算は
　10−4=6 だから，102−40=60+2=62
⑥百のくらいと　十のくらいの　計算は
　13−9=4 だから，132−90=40+2=42
⑦百のくらいと　十のくらいの　計算は
　14−6=8 だから，141−60=80+1=81
⑧百のくらいと　十のくらいの　計算は
　11−6=5 だから，119−60=50+9=59
⑨百のくらいと　十のくらいの　計算は
　13−8=5 だから，133−80=50+3=53
⑩百のくらいと　十のくらいの　計算は
　10−5=5 だから，108−50=50+8=58
⑪百のくらいと　十のくらいの　計算は
　18−9=9 だから，181−90=90+1=91
⑫百のくらいと　十のくらいの　計算は
　12−9=3 だから，125−90=30+5=35
⑬百のくらいと　十のくらいの　計算は
　11−7=4 だから，114−70=40+4=44
⑭百のくらいと　十のくらいの　計算は
　15−8=7 だから，151−80=70+1=71
⑮百のくらいと　十のくらいの　計算は
　10−2=8 だから，105−20=80+5=85
⑯百のくらいと　十のくらいの　計算は
　12−8=4 だから，127−80=40+7=47
⑰百のくらいと　十のくらいの　計算は
　13−4=9 だから，139−40=90+9=99
⑱百のくらいと　十のくらいの　計算は
　11−9=2 だから，113−90=20+3=23
⑲百のくらいと　十のくらいの　計算は
　16−9=7 だから，164−90=70+4=74
⑳百のくらいと　十のくらいの　計算は
　15−7=8 だから，159−70=80+9=89

● 37 ページ

1 ①90 ②80 ③20 ④80 ⑤70 ⑥50
⑦80 ⑧90 ⑨60 ⑩60
2 ①88 ②93 ③83 ④45 ⑤66 ⑥64
⑦69 ⑧76 ⑨91 ⑩68

● 38 ページ

1 ①60 ②88 ③95 ④76 ⑤90 ⑥43
⑦17 ⑧80 ⑨32 ⑩50 ⑪70 ⑫85
⑬70 ⑭39 ⑮98 ⑯92 ⑰96 ⑱80
⑲91 ⑳93

● 39 ページ

□内　①－　②8　③＋　④12　⑤2　⑥1
⑦128

● 40 ページ

1 ①137　②135　③104　④158　⑤169
⑥129　⑦118　⑧106　⑨165　⑩149
⑪173　⑫147　⑬113　⑭114　⑮108
⑯142　⑰129　⑱116　⑲127　⑳105

◀チェックポイント▶　くり上がりのあるたし算は
間違いが多いので，くり上がりの数を小さく書
く工夫をして，計算間違いをしないようにさせ
ましょう。
③では，十の位は 3＋7＝10 で0となること
に注意させてください。

計算のしかた

①	②	③	④
60	42	33	94
＋77	＋93	＋71	＋64
137	135	104	158

⑤	⑥	⑦	⑧
89	51	76	53
＋80	＋78	＋42	＋53
169	129	118	106

⑨	⑩	⑪	⑫
75	57	91	73
＋90	＋92	＋82	＋74
165	149	173	147

⑬	⑭	⑮	⑯
90	52	17	82
＋23	＋62	＋91	＋60
113	114	108	142

⑰	⑱	⑲	⑳
46	81	92	64
＋83	＋35	＋35	＋41
129	116	127	105

● 41 ページ

□内　①－　②13　③3　④1　⑤＋　⑥13
⑦3　⑧1　⑨133

● 42 ページ

1 ①121　②120　③191　④136　⑤175
⑥114　⑦112　⑧102　⑨181　⑩120
⑪160　⑫142　⑬124　⑭137　⑮106
⑯113　⑰164　⑱141　⑲158　⑳153

◀チェックポイント▶　くり上がりが2回あるので，
くり上がりの数を小さく書く工夫をして，計算
間違いをしないようにさせましょう。

計算のしかた

①	②	③	④
1	1	1	1
42	57	97	69
＋79	＋63	＋94	＋67
121	120	191	136

⑤	⑥	⑦	⑧
1	1		1
76	27	63	55
＋99	＋87	＋49	＋47
175	114	112	102

⑨	⑩	⑪	⑫
1	1	1	1
96	85	99	86
＋85	＋35	＋61	＋56
181	120	160	142

⑬	⑭	⑮	⑯
1	1	1	1
98	48	88	36
＋26	＋89	＋18	＋77
124	137	106	113

⑰	⑱	⑲	⑳
1	1	1	1
89	93	59	64
＋75	＋48	＋99	＋89
164	141	158	153

● 43 ページ

1 ①168　②118　③135　④136　⑤126
⑥155　⑦119　⑧109　⑨118　⑩160
⑪140　⑫184　⑬125　⑭103　⑮156
⑯111　⑰157　⑱121　⑲142　⑳154

● 44 ページ

1 ①109　②144　③130　④140　⑤187
⑥103　⑦178　⑧101　⑨127　⑩123
⑪129　⑫121　⑬132　⑭157　⑮170
⑯133　⑰132　⑱110　⑲105　⑳116

● 45 ページ

1 ①70　②90　③60　④90　⑤94　⑥75
⑦95　⑧52

2 ①136　②118　③109　④129　⑤146
⑥128　⑦160　⑧124　⑨115　⑩133
⑪123　⑫132

●46 ページ

1 ①90 ②70 ③60 ④30 ⑤99 ⑥54
⑦87 ⑧75

2 ①147 ②127 ③118 ④116 ⑤107
⑥123 ⑦130 ⑧124 ⑨151 ⑩173
⑪122 ⑫146

●47 ページ

□内 ①ー ②12 ③2 ④1 ⑤十 ⑥10
⑦0 ⑧1 ⑨102

●48 ページ

1 ①102 ②101 ③100 ④100 ⑤104
⑥107 ⑦104 ⑧100 ⑨105 ⑩105
⑪100 ⑫103 ⑬106 ⑭103 ⑮100
⑯103 ⑰106 ⑱101 ⑲102 ⑳101

> **◀チェックポイント▶** ここでは，くり上げた1に9をたすので，十の位が空位(くうい)になり，百の位に1くり上がることに注意させてください。

計算のしかた

①	②	③	④
1 99 + 3 = 102	1 95 + 6 = 101	1 96 + 4 = 100	1 91 + 9 = 100

⑤	⑥	⑦	⑧
1 99 + 5 = 104	1 99 + 8 = 107	1 97 + 7 = 104	1 98 + 2 = 100

⑨	⑩	⑪	⑫
1 96 + 9 = 105	1 98 + 7 = 105	1 93 + 7 = 100	1 94 + 9 = 103

⑬	⑭	⑮	⑯
1 99 + 7 = 106	1 7 + 96 = 103	1 5 + 95 = 100	1 5 + 98 = 103

⑰	⑱	⑲	⑳
1 8 + 98 = 106	1 4 + 97 = 101	1 6 + 96 = 102	1 3 + 98 = 101

●49 ページ

□内 ①ー ②2 ③十 ④百 ⑤7 ⑥72

●50 ページ

1 ①62 ②70 ③81 ④30 ⑤34 ⑥44
⑦61 ⑧81 ⑨69 ⑩93 ⑪23 ⑫94
⑬24 ⑭52 ⑮41 ⑯75 ⑰82 ⑱82
⑲93 ⑳36

> **◀チェックポイント▶** ここでは，十の位がひけないので，百の位から1くり下げることに注意させてください。

計算のしかた

①	②	③	④
117 − 55 = 62	144 − 74 = 70	178 − 97 = 81	129 − 99 = 30

⑤	⑥	⑦	⑧
116 − 82 = 34	105 − 61 = 44	121 − 60 = 61	139 − 58 = 81

⑨	⑩	⑪	⑫
159 − 90 = 69	188 − 95 = 93	119 − 96 = 23	158 − 64 = 94

⑬	⑭	⑮	⑯
107 − 83 = 24	133 − 81 = 52	112 − 71 = 41	115 − 40 = 75

⑰	⑱	⑲	⑳
168 − 86 = 82	106 − 24 = 82	125 − 32 = 93	109 − 73 = 36

●51 ページ

1 ①100 ②103 ③102 ④102 ⑤101
⑥104 ⑦105 ⑧106 ⑨100 ⑩108
⑪101 ⑫100

2 ①74 ②46 ③92 ④73 ⑤50 ⑥51
⑦95 ⑧75

●52 ページ

1 ①101 ②105 ③101 ④102 ⑤104
⑥107 ⑦103 ⑧100 ⑨100 ⑩101
⑪102 ⑫103

2 ①85 ②92 ③65 ④13 ⑤74 ⑥95
⑦83 ⑧93

●53 ページ

□内 ①－ ②十 ③6 ④十 ⑤百 ⑥7
⑦76

●54 ページ

1 ①46 ②47 ③95 ④46 ⑤79 ⑥72
⑦77 ⑧64 ⑨93 ⑩98 ⑪59 ⑫23
⑬44 ⑭74 ⑮17 ⑯8 ⑰39 ⑱7 ⑲25
⑳61

◆チェックポイント　くり下がりが２回ある筆算
では，くり下げたために１小さくなった数を小
さく書いて，計算間違いを防ぐ工夫をさせてく
ださい。
③，⑨，⑩は，くり下がりが１回だけに見えま
すが，一の位の計算で十の位からくり下げたた
めに十の位もひけなくなり，くり下げが２回必
要となります。
⑯〜⑳は，一の位の計算のとき，十の位からは
くり下げられないので百の位からくり下げます。
このときの十の位の数に注意させてください。

計算のしかた

①	②	③	④
$\begin{array}{r} 3 \\ 1\!\!\!/4\,1 \\ -\ 95 \\ \hline 46 \end{array}$	$\begin{array}{r} 1 \\ 1\,2\!\!\!/5 \\ -\ 78 \\ \hline 47 \end{array}$	$\begin{array}{r} 0 \\ 1\!\!\!/1\,0 \\ -\ 15 \\ \hline 95 \end{array}$	$\begin{array}{r} 0 \\ 1\!\!\!/1\,2 \\ -\ 66 \\ \hline 46 \end{array}$

⑤	⑥	⑦	⑧
$\begin{array}{r} 6 \\ 1\,7\!\!\!/3 \\ -\ 94 \\ \hline 79 \end{array}$	$\begin{array}{r} 2 \\ 1\,3\!\!\!/0 \\ -\ 58 \\ \hline 72 \end{array}$	$\begin{array}{r} 4 \\ 1\,5\!\!\!/3 \\ -\ 76 \\ \hline 77 \end{array}$	$\begin{array}{r} 0 \\ 1\!\!\!/1\,3 \\ -\ 49 \\ \hline 64 \end{array}$

⑨	⑩	⑪	⑫
$\begin{array}{r} 4 \\ 1\,5\!\!\!/2 \\ -\ 59 \\ \hline 93 \end{array}$	$\begin{array}{r} 8 \\ 1\,9\!\!\!/4 \\ -\ 96 \\ \hline 98 \end{array}$	$\begin{array}{r} 3 \\ 1\,4\!\!\!/0 \\ -\ 81 \\ \hline 59 \end{array}$	$\begin{array}{r} 1 \\ 1\,2\!\!\!/1 \\ -\ 98 \\ \hline 23 \end{array}$

⑬	⑭	⑮	⑯
$\begin{array}{r} 2 \\ 1\,3\!\!\!/1 \\ -\ 87 \\ \hline 44 \end{array}$	$\begin{array}{r} 1 \\ 1\,2\!\!\!/2 \\ -\ 48 \\ \hline 74 \end{array}$	$\begin{array}{r} 0 \\ 1\!\!\!/1\,6 \\ -\ 99 \\ \hline 17 \end{array}$	$\begin{array}{r} 9 \\ 1\!\!\!/0\!\!\!/1 \\ -\ 93 \\ \hline 8 \end{array}$

⑰	⑱	⑲	⑳
$\begin{array}{r} 9 \\ 1\!\!\!/0\!\!\!/8 \\ -\ 69 \\ \hline 39 \end{array}$	$\begin{array}{r} 9 \\ 1\!\!\!/0\!\!\!/4 \\ -\ 97 \\ \hline 7 \end{array}$	$\begin{array}{r} 9 \\ 1\!\!\!/0\!\!\!/2 \\ -\ 77 \\ \hline 25 \end{array}$	$\begin{array}{r} 9 \\ 1\!\!\!/0\!\!\!/0 \\ -\ 39 \\ \hline 61 \end{array}$

●55 ページ

□内 ①－ ②十 ③百 ④8 ⑤9 ⑥98

●56 ページ

1 ①98 ②99 ③94 ④92 ⑤98 ⑥96
⑦96 ⑧97 ⑨92 ⑩94 ⑪93 ⑫99
⑬95 ⑭94 ⑮98 ⑯96 ⑰98 ⑱97
⑲98 ⑳96

◆チェックポイント　ここでは，一の位の計算のと
き，十の位からはくり下げられないので百の位
からくり下げることに注意させてください。

計算のしかた

①	②	③	④
$\begin{array}{r} 9 \\ 1\!\!\!/0\!\!\!/7 \\ -\ 9 \\ \hline 98 \end{array}$	$\begin{array}{r} 9 \\ 1\!\!\!/0\!\!\!/1 \\ -\ 2 \\ \hline 99 \end{array}$	$\begin{array}{r} 9 \\ 1\!\!\!/0\!\!\!/2 \\ -\ 8 \\ \hline 94 \end{array}$	$\begin{array}{r} 9 \\ 1\!\!\!/0\!\!\!/1 \\ -\ 9 \\ \hline 92 \end{array}$

⑤	⑥	⑦	⑧
$\begin{array}{r} 9 \\ 1\!\!\!/0\!\!\!/7 \\ -\ 9 \\ \hline 98 \end{array}$	$\begin{array}{r} 9 \\ 1\!\!\!/0\!\!\!/2 \\ -\ 6 \\ \hline 96 \end{array}$	$\begin{array}{r} 9 \\ 1\!\!\!/0\!\!\!/1 \\ -\ 5 \\ \hline 96 \end{array}$	$\begin{array}{r} 9 \\ 1\!\!\!/0\!\!\!/4 \\ -\ 7 \\ \hline 97 \end{array}$

⑨	⑩	⑪	⑫
$\begin{array}{r} 9 \\ 1\!\!\!/0\!\!\!/0 \\ -\ 8 \\ \hline 92 \end{array}$	$\begin{array}{r} 9 \\ 1\!\!\!/0\!\!\!/3 \\ -\ 9 \\ \hline 94 \end{array}$	$\begin{array}{r} 9 \\ 1\!\!\!/0\!\!\!/0 \\ -\ 7 \\ \hline 93 \end{array}$	$\begin{array}{r} 9 \\ 1\!\!\!/0\!\!\!/4 \\ -\ 5 \\ \hline 99 \end{array}$

⑬	⑭	⑮	⑯
$\begin{array}{r} 9 \\ 1\!\!\!/0\!\!\!/3 \\ -\ 8 \\ \hline 95 \end{array}$	$\begin{array}{r} 9 \\ 1\!\!\!/0\!\!\!/1 \\ -\ 7 \\ \hline 94 \end{array}$	$\begin{array}{r} 9 \\ 1\!\!\!/0\!\!\!/2 \\ -\ 4 \\ \hline 98 \end{array}$	$\begin{array}{r} 9 \\ 1\!\!\!/0\!\!\!/5 \\ -\ 9 \\ \hline 96 \end{array}$

⑰	⑱	⑲	⑳
$\begin{array}{r} 9 \\ 1\!\!\!/0\!\!\!/4 \\ -\ 6 \\ \hline 98 \end{array}$	$\begin{array}{r} 9 \\ 1\!\!\!/0\!\!\!/5 \\ -\ 8 \\ \hline 97 \end{array}$	$\begin{array}{r} 9 \\ 1\!\!\!/0\!\!\!/1 \\ -\ 3 \\ \hline 98 \end{array}$	$\begin{array}{r} 9 \\ 1\!\!\!/0\!\!\!/0 \\ -\ 4 \\ \hline 96 \end{array}$

●57 ページ

1 ①68 ②39 ③83 ④67 ⑤49 ⑥46
⑦88 ⑧69 ⑨43 ⑩97 ⑪37 ⑫56
⑬87 ⑭9 ⑮13 ⑯98 ⑰95 ⑱97
⑲96 ⑳95

●58 ページ

1 ①46 ②79 ③99 ④88 ⑤8 ⑥59
⑦95 ⑧23 ⑨9 ⑩69 ⑪78 ⑫99
⑬65 ⑭4 ⑮87 ⑯26 ⑰98 ⑱98
⑲86 ⑳79

● 59 ページ

1 ①101 ②102 ③106 ④101 ⑤103
⑥103

2 ①72 ②24 ③73 ④70 ⑤75 ⑥83
⑦73 ⑧79 ⑨88 ⑩77 ⑪98 ⑫99
⑬95 ⑭97

● 60 ページ

1 ①100 ②101 ③105 ④102 ⑤104
⑥101

2 ①85 ②82 ③50 ④95 ⑤32 ⑥76
⑦79 ⑧45 ⑨56 ⑩59 ⑪95 ⑫94
⑬97 ⑭98

しんきゅうテスト (1)

● 61 ページ

1 ①79 ②92 ③13 ④7 ⑤110 ⑥123
⑦50 ⑧35

計算のしかた

①十のくらいの 数は 4+3=7 だから,
40+39=70+9=79

②十のくらいの 数は 2+7=9 だから,
22+70=90+2=92

③十のくらいの 数は 5−4=1 だから,
53−40=10+3=13

④十のくらいの 数は 3−3=0 だから,
37−30=7

⑤20+90 → 10が (2+9)こ
→ 10が 11こ → 110

⑥十のくらいの 計算は 6+6=12 だから,
63+60=120+3=123

⑦130−80 → 10が (13−8)こ
→ 10が 5こ → 50

⑧百のくらいと 十のくらいの 計算は
11−8=3 だから, 115−80=30+5=35

2 ①89 ②69 ③47 ④92 ⑤81 ⑥61

計算のしかた

①
```
  27
+ 62
  89
```
②
```
  34
+ 35
  69
```
③
```
  41
+  6
  47
```
④
```
   1
  74
+ 18
  92
```
⑤
```
   1
   6
+ 75
  81
```
⑥
```
   1
  37
+ 24
  61
```

3 ①74 ②31 ③43 ④49 ⑤54 ⑥19

計算のしかた

①
```
  77
−  3
  74
```
②
```
  75
− 44
  31
```
③
```
  68
− 25
  43
```
④
```
   8
  9̸6
− 47
  49
```
⑤
```
   5
  6̸1
−  7
  54
```
⑥
```
   3
  4̸0
− 21
  19
```

4 ①146 ②101 ③126 ④110 ⑤138
⑥165 ⑦104 ⑧136 ⑨104

計算のしかた

```
①      ②  1    ③       ④  1
   53      74      82      24
 +93     +27     +44     +86
  146     101     126     110

⑤      ⑥  1    ⑦  1    ⑧  1
   76      78      99      47
 +62     +87     + 5     +89
  138     165     104     136

⑨  1
    7
  +97
   104
```

5 ①84 ②49 ③38 ④97 ⑤23 ⑥95
⑦5 ⑧87 ⑨9 ⑩67 ⑪77

計算のしかた

```
①       ②  2    ③  9    ④  9
   146     136     102     105
  − 62    − 87    − 64    −  8
    84      49      38      97

⑤       ⑥  3    ⑦  9    ⑧  6
   117     144     102     174
  − 94    − 49    − 97    − 87
    23      95       5      87

⑨  9    ⑩       ⑪  4
   105     128     150
  − 96    − 61    − 73
     9      67      77
```

しんきゅうテスト (2)

1 ①44 ②77 ③2 ④18 ⑤120 ⑥143
⑦110 ⑧73

計算のしかた

①十のくらいの 数は 2+2=4 だから，
24+20=40+4=44

②十のくらいの 数は 6+1=7 だから，
60+17=70+7=77

③十のくらいの 数は 7−7=0 だから，
72−70=2

④十のくらいの 数は 4−3=1 だから，
48−30=10+8=18

⑤80+40 → 10が （8+4）こ
→ 10が 12こ → 120

⑥十のくらいの 計算は 5+9=14 だから，
50+93=140+3=143

⑦160−50 → 10が （16−5）こ
→ 10が 11こ → 110

⑧百のくらいと 十のくらいの 計算は
13−6=7 だから，133−60=70+3=73

2 ①46 ②88 ③59 ④85 ⑤76 ⑥95

計算のしかた

```
①       ②       ③       ④  1
   14      65       8      56
 +32     +23     +51     +29
   46      88      59      85

⑤  1    ⑥  1
   37      89
 +39     + 6
   76      95
```

3 ①52 ②40 ③31 ④45 ⑤35 ⑥76

計算のしかた

```
①       ②       ③       ④  4
   76      44      67      53
 −24     − 4     −36     − 8
   52      40      31      45

⑤  8    ⑥  7
   92      81
 −57     − 5
   35      76
```

● 64 ページ

4 ①83 ②87 ③93 ④142 ⑤100
⑥122 ⑦101 ⑧103 ⑨102

計算のしかた

```
①   1        ②   1        ③   1        ④   1
   56           38           76           64
 +27          +49          +17          +78
   83           87           93          142
```

```
⑤   1        ⑥   1        ⑦   1        ⑧   1
   81           27            5           95
 +19          +95          +96          + 8
  100          122          101          103
```

```
⑨   1
    3
  +99
  102
```

5 ①84 ②82 ③64 ④92 ⑤83 ⑥56
⑦48 ⑧78 ⑨97 ⑩98 ⑪97

計算のしかた

```
①  135       ②  162       ③  107       ④  184
  − 51         − 80         − 43         − 92
    84           82           64           92
```

```
⑤   4        ⑥   9        ⑦   1        ⑧   3
  150          101          126          147
  − 67         − 45         − 78         − 69
    83           56           48           78
```

```
⑨   9        ⑩   9        ⑪   9
  106          103          100
  − 9          − 5          − 3
   97           98           97
```

しんきゅうテスト (3)

● 65 ページ

1 ①71 ②95 ③66 ④54 ⑤140 ⑥134
⑦80 ⑧66

計算のしかた

①十のくらいの 数は 3+4=7 だから,
30+41=70+1=71

②十のくらいの 数は 7+2=9 だから,
75+20=90+5=95

③十のくらいの 数は 8−2=6 だから,
86−20=60+6=66

④十のくらいの 数は 6−1=5 だから,
64−10=50+4=54

⑤60+80 → 10が (6+8)こ
→ 10が 14こ → 140

⑥十のくらいの 計算は 9+4=13 だから,
94+40=130+4=134

⑦110−30 → 10が (11−3)こ
→ 10が 8こ → 80

⑧百のくらいと 十のくらいの 計算は
14−8=6 だから, 146−80=60+6=66

2 ①79 ②99 ③76 ④50 ⑤56 ⑥85

計算のしかた

```
①   53       ②   31       ③   74       ④   1
  +26          +68          + 2           15
   79           99           76          +35
                                          50
```

```
⑤   1        ⑥   1
    9           67
  +47          +18
   56           85
```

3 ①62 ②11 ③81 ④9 ⑤29 ⑥72

計算のしかた

```
①   69       ②   53       ③   84       ④   6
  − 7          −42          − 3           72
   62           11           81          −63
                                           9
```

```
⑤   2        ⑥   8
   38           91
  − 9          −19
   29           72
```

●66 ページ

4 ①80 ②95 ③93 ④127 ⑤183
⑥143 ⑦108 ⑧102 ⑨102

計算のしかた

| ① | 1 35 +45 ──── 80 | ② | 1 67 +28 ──── 95 | ③ | 1 59 +34 ──── 93 | ④ | 1 48 +79 ──── 127 |

| ⑤ | 1 96 +87 ──── 183 | ⑥ | 1 75 +68 ──── 143 | ⑦ | 1 99 + 9 ──── 108 | ⑧ | 1 4 +98 ──── 102 |

| ⑨ | 1 94 + 8 ──── 102 |

5 ①51 ②67 ③82 ④66 ⑤75 ⑥82
⑦69 ⑧99 ⑨92 ⑩99 ⑪99

計算のしかた

| ① | 123 − 72 ──── 51 | ② | 158 − 91 ──── 67 | ③ | 147 − 65 ──── 82 | ④ | 116 − 50 ──── 66 |

| ⑤ | 5 1̸6̸2 − 87 ──── 75 | ⑥ | 7 1̸8̸1 − 99 ──── 82 | ⑦ | 9 1̸0̸8 − 39 ──── 69 | ⑧ | 9 1̸0̸3 − 4 ──── 99 |

| ⑨ | 9 1̸0̸0 − 8 ──── 92 | ⑩ | 9 1̸0̸2 − 3 ──── 99 | ⑪ | 9 1̸0̸6 − 7 ──── 99 |